Sen Sun

Geodatenbanken: Ein Überblick

GRIN Verlag

Bibliografische Information der Deutschen Nationalbibliothek:

Die Deutsche Bibliothek verzeichnet diese Publikation in der Deutschen National-
bibliografie; detaillierte bibliografische Daten sind im Internet über http://dnb.d-
nb.de/ abrufbar.

Impressum:

Copyright © 2013 GRIN Verlag GmbH
Druck und Bindung: Books on Demand GmbH, Norderstedt Germany
ISBN: 978-3-656-52694-0

Geodatenbank

Hausarbeit des Seminars „Web Mapping" (Wintersemester 2012-2013)

Sun Sen

Geographisches Institut

Universität Heidelberg

Inhaltsverzeichnis

Abbildungsverzeichnis

Tabellenverzeichnis

1. Einführung

Die Aufgaben eines Geoinformationssystems werden oft als die Erfassung, Verwaltung, Analyse und Visualisierung von Geodaten dargestellt. Für die Verwaltung von Geodaten kommen heutzutage oft Datenbanken zum Einsatz (Abbildung 1). Das liegt daran, dass eine Datenbank mehrere Vorteile mit sich bringt im Vergleich zu einem traditionellen Dateiensystem.

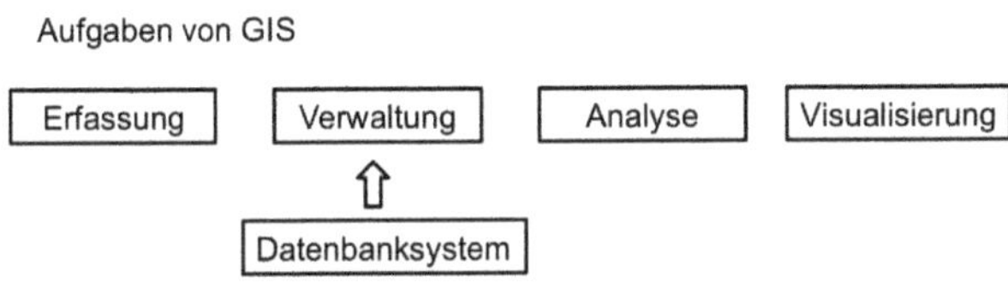

Abbildung 1. Datenbanksystem in GIS

In einer Datenbank werden die Daten zu einem bestimmten Thema zentral und strukturiert gespeichert. Ein Datenbanksystem besteht aus einem Datenbankmanagementsystem (DBMS) und einer oder mehrere Datenbanken. Die Datenbanken sind die gespeicherten Daten, während das DBMS ein Programmpaket ist, das die Daten verwaltet. Zur Abfrage und Verwaltung der Daten stellt ein Datenbanksystem eine Datenbanksprache zur Verfügung. Jede Datenbank basiert auf einem Datenbankmodell, das die Struktur von Daten und deren Beziehungen untereinander beschreibt. Das Datenbankmodell wird durch die DBMS-Hersteller festgelegt.

Geodaten stellen einige spezifische Anforderungen ans DBMS. Datenbanksysteme, die die Speicherung von Geodaten und die Bearbeitung räumlicher Anfragen in hinreichender Weise unterstützen, werden räumliche Datenbanksysteme oder auch Geodatenbanksysteme genannt (Brinkhoff, 2008). Auf der einen Seite müssen die Geodatenbanken die Geometrie speichern können, auf der anderen Seite müssen die auch geographische Funktionen, die von geographischen Datentypen abhängig sind, unterstützen, z.B. Distanz und Fläche zu berechnen.

2. Datenbank – Allgemeines

2.1 Aufbau von Datenbanksystemen

Laut der Definition im Duden Informatik ist ein Datenbanksystem (DBS) ein System zur Beschreibung, Speicherung und Wiedergewinnung von Daten. Es besteht aus der Datenbank, die die Sammlung einheitlich beschriebener, persistent gespeicherter Daten auf dem Hintergrundspeicher darstellt, und dem Datenbankmanagementsystem (DBMS), der Software zur Beschreibung, Speicherung und Abfrage der Daten. Die Beschreibung beruht auf einem Datenbankmodell.

Auf dem Markt sind viele DBMS vorhanden. Gängige proprietäre DBMS sind unter anderem Oracle, Microsoft Access, IBM DB2. Außerdem finden Open-Source-DBMS wie MySQL und PostgreSQL auch immer mehr Anwendung.

Als Schnittstellen bieten Datenbanksysteme Datenbanksprachen an. Datenbanksprachen dienen u. a. zu den folgenden Zwecken:

- Definition von den Datenstrukturen in einer Datenbank, wie z.B. die Namen und Datentypen von Attributen

- Anlegen von neuen Datensätzen

- Änderungen oder Löschen vorhandener Datensätze

- Anfrage nach Daten unter bestimmten Bedingungen

- Transaktionen endgültig oder rückgängig machen

Bei den relationalen DBMS sind diese Kategorien in einer Sprache vereint, nämlich SQL, bei anderen Systemen existiert aber durchaus eine Trennung in Form unterschiedlicher Sprachen (Wikipedia, 2013).

2.2 Konzepte von Datenbanksystemen

Das Grundkonzept von Datenbanken liegt darin, eine neue Schicht zwischen den Anwendungen und den Daten zu schaffen. Dabei greift eine Anwendung nicht mehr direkt auf die Daten zu, sondern durch diese neue Schicht, nämlich das Datenbankmanagementsystem (Abbildung 2).

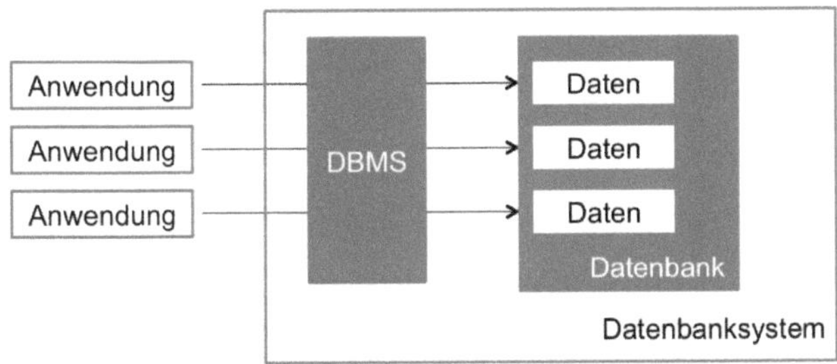

Abbildung 2. Konzept von Datenbanksystemen

Das Datenbankmanagementsystem sollte u. a. folgende Ziele erreichen:

- Datenunabhängigkeit

Datenunabhängigkeit bedeutet, dass Änderungen hinsichtlich der Speicherung der Daten möglichst ohne Einfluss auf den Anwender oder das Anwendungsprogramm bleiben (Brinkhoff, 2008).

Hierbei sind logische Datenunabhängigkeit und physische Datenunabhängigkeit zu unterscheiden. Bei logischer Datenunabhängigkeit geht es um die Änderungen am Datenbankschema, z. B. Eigenschaften hinzuzufügen oder zu löschen. Bei der physischen Datenunabhängigkeit geht es um die Änderungen an Speicherung- und Zugriffsstruktur.

Datenunabhängigkeit ist besonders wichtig für offene Geoinformationssysteme, denn dort kommunizieren nicht nur GIS-Anwendungen mit den Daten.

- Datenintegrität

Unter Datenintegrität versteht man die Korrektheit der gespeicherten Daten. Beispielsweise muss das Geburtsdatum der Form von einem Datum entsprechen. Oder die Gebäude dürfen sich nicht überlappen. Diese Regeln können als Integritätsbedingungen definiert werden. Das DBMS wird überprüfen, ob die Änderungen diese Bedingungen erfüllen. Die Änderungen, die den Integritätsbedingungen widersprechen, werden von den Datenbanksystemen nicht angenommen.

- Zentrale Datenspeicherung mit gesichertem Mehrbenutzerbetrieb

In einem Datenbanksystem werden die Daten zentral auf einem Server gespeichert, und alle Benutzer können damit auf den aktuellsten Datenbestand zugreifen. Diese zentrale

Datenhaltung könnte nicht nur das Umkopieren zwischen den Benutzern ersparen, sondern auch die Datenredundanz deutlich reduzieren.

Allerdings muss sichergestellt werden, dass bei parallelen Zugriffen keine Konflikte oder Widersprüche vorkommen. Dafür ist das Transaktionskonzept verantwortlich. Eine Transaktion ist eine Folge von Aktionen, bei denen die Datenbank von einem konsistenten Zustand in einen neuen konsistenten Zustand überführt wird (Brinkhoff, 2008).

Ein klassisches Beispiel dafür ist die Geldüberweisung, die aus einer Abbuchung von einem Konto und einer Hinzubuchung auf ein anderes Konto besteht. Stürzt das System inzwischen ab, und zwar genau nach der Abbuchung aber vor der Hinzubuchung, dann wird die Abbuchung auch rückgängig gemacht.

- Effiziente Anfragebearbeitung

Effiziente Anfragebearbeitung bedeutet, die Daten, die bestimmte Anfragebedingungen erfüllen, effizient zu finden, ohne die ganze Datenbank durchsuchen zu müssen. Das wird durch den Index gewährleistet. Ein Index ist ein dynamisches Inhaltsverzeichnis, das die schnelle Suche nach Datenbankblöcken mit den Datensätzen unterstützt, die die Anfragebedingung erfüllen (FerGI, 2013). Hier kann man eine Datenbank mit einer Bibliothek vergleichen. Die Funktion, die der Index in der Datenbank hat, ist ähnlich wie eine Signatur in der Bibliothek.

In einer relationalen Datenbank könnte der Index ein Attribut oder eine Kombination von mehreren Attributen sein. Aber die Aktualisierung und Speicherung eines Indexes verlangt sowohl Rechenzeit als auch Speicherplatz. Man muss vorher abwägen, ob es sich lohnt, ein Attribut als Index zu speichern. Kriterien dafür sind u. a.:

1) Dieses Attribut dient oft als eine Anfragebedingung;

2) Nur eine Minderheit von den Datensätzen erfüllt diese Bedingung.

- Benutzerverwaltung

Ein Datenbanksystem ermöglicht auch eine fein gesteuerte Benutzerverwaltung. Auf der einen Seite wird unberechtigter Zugriff auf eine Datenbank abgelehnt. Auf der anderen Seite können auch berechtigen Benutzern unterschiedliche Lese- und Schreibrechte zugewiesen werden. Damit steht die Datenbank den Benutzern in unterschiedlichem Umfang zur Verfügung. So z. B. könnte es durch ein Datenbanksystem realisiert werden, dass auf einer Learning-Plattform die Noten von Studenten von den betroffenen Dozenten und Studierenden gesehen aber nur von den Dozenten geändert werden dürfen.

Zu welchem Grad die oben genannten Konzepte implementiert werden, hängt allerdings noch von dem konkreten Datenbankmodell ab.

2.3 Verschiedene Datenbankmodelle

Ein Datenbankmodell ist ein System von Konzepten zur Definition und Evolution von Datenbanken (Türker & Saake, 2006). Die Evolution von Datenbankmodellen hängt mit mathematischen Theorien und Programmiersprachen zusammen.

Im Laufe der Zeit wurden schon viele verschiedene Datenbankmodelle entwickelt. Hier werden vier Datenbankmodelle vorgestellt.

2.3.1 Relationales Datenbankmodell

Das relationale Datenbankmodell wurde 1970 von Edgar F. Codd erstmals vorgeschlagen und ist bis heute trotz einiger Kritikpunkte ein etablierter Standard für Datenbanken (Wikipedia, 2013). Eine Datenbank, die auf einem relationalen Datenbankmodell beruht, ist eine relationale Datenbank. Das zugehörige Datenbankmanagementsystem wird dementsprechend als relationales Datenbankmanagementsystem oder RDBMS (Relational Database Management System) bezeichnet. Als mathematische Basis für relationale Datenbanken stellt die Relationale Algebra dar. Die standardisierte Datenbanksprache für relationale Datenbank ist SQL, Abkürzung für „Structured Query Language". SQL ist auch ein ISO-Standard.

Eine relationale Datenbank kann als eine Sammlung von Tabellen betrachtet werden. Abbildung 3 ist eine Tabelle für Informationen von Studenten. In dieser Tabelle (Relation) bildet jeder Datensatz eine Zeile (Tupel), jede Spalte stellt ein Attribut dar. Die Datensätze innerhalb einer Tabelle haben die gleiche Struktur, nämlich die gleichen Attribute. Weder die Datensätzen noch die Attribute der Datensätze sind geordnet.

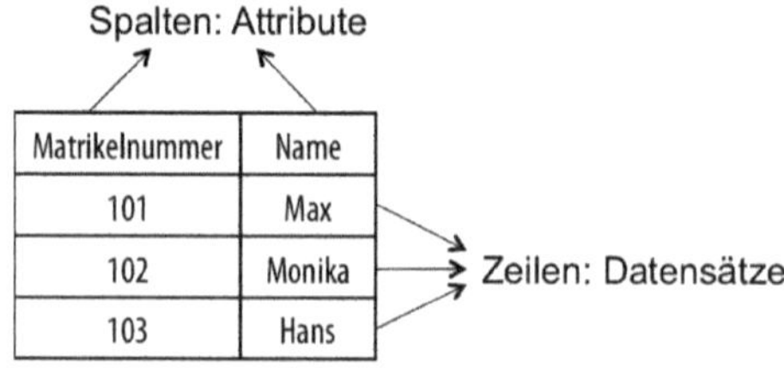

Abbildung 3. Relationale Datenbank

Die Identifikation eines Datensatzes erfolgt über einen eindeutigen Primärschlüssel. In vielen DBMS ist es erforderlich, beim Anlegen neuer Tabellen zu definieren, welches Attribut als Primärschlüssel dient. Für den Primärschlüssel wird im Anschluss ein Index automatisch erzeugt.

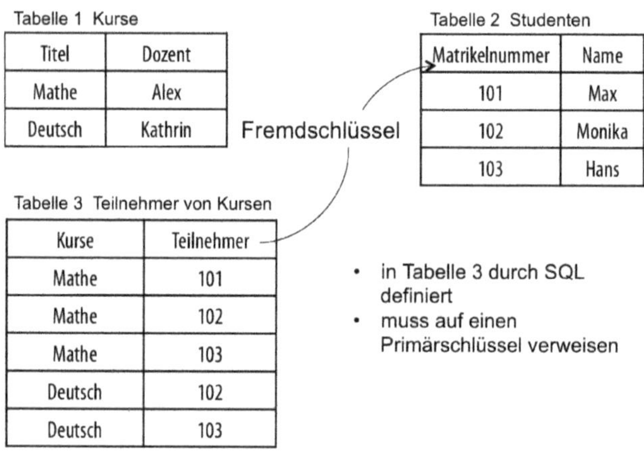

Abbildung 4. Fremdschlüssel

Mit Hilfe von Fremdschlüsseln können Beziehungen zwischen verschiedenen Tabellen in einer Datenbank aufgebaut werden. Fremdschlüssel sollen auch zur Datenintegrität beitragen. Wie Abbildung 4 zeigt geht ein Fremdschlüssel von der Tabelle 3 aus und verweist auf den Primärschlüssel von Tabelle 2. Die Hauptfunktion von diesem Fremdschlüssel liegt darin, dass die Kursteilnahme von einem Studenten automatisch gelöscht werden kann, wenn sich dieser Student exmatrikuliert und nicht mehr in der Tabelle 2 vorhanden ist.

Eine Beschränkung von relationalen Datenbanken liegt darin, dass die Attributwerte atomar sein müssen. D. h., die Werte werden im Sinne des Datenzugriffs als Einheit behandelt. Beispiele für atomare Datentypen sind u. a. Zeichenketten, Zahlen und Zeitangaben.

2.3.1.1 SQL – Datenbanksprache für relationale Datenbanken

In diesem Abschnitt wird erklärt, wie man durch SQL die oben als Beispiele genannten Tabellen anlegen und manipulieren kann.

a. Tabellen mit Attributen anlegen und Primärschlüssel definieren

```
CREATE TABLE Studenten (
  Matrikelnummer DECIMAL(3),  -- 3-stellige Zahl
  Name VARCHAR(20),
  CONSTRAINT pk_stu PRIMARY KEY (Matrikelnummer)
);
COMMIT;
```

b. Datensätze einfügen

```
INSERT INTO Studenten (Matrikelnummer, Name) VALUES (101,
'Max');
```

c. Tabelle mit einem Fremdschlüssel definieren

```
CREATE TABLE Kursteilnahme (
  Kurs VARCHAR(10),
  Teilnehmer DECIMAL(3),
  CONSTRAINT pk_kurs_stu PRIMARY KEY (Kurs, Teilnehmer),
  CONSTRAINT fk_stu FOREIGN KEY (Teilnehmer) REFERENCES
Studenten(Matrikelnummer) ON DELETE CASCADE);
```

d. Anfrage

Die Basissyntax für die Datenanfrage lautet:

```
SELECT [Attribute] FROM [Tabelle] WHERE [Bedingung];
```

SQL-Anfragen am Beispiel von Tabelle 2 in Abbildung 4:

```
SELECT Name FROM Studenten; --Namen von Studenten
SELECT * FROM Studenten;  --Alle Attribute von Studenten
SELECT Name FROM Studenten WHERE Matrikelnummer=101; --Max
```

2.3.2 Objektorientiertes Datenbankmodell

Für eine lange Zeit haben relationale Datenbanken den Datenbankmarkt dominiert, bis in die 90er-Jahre. Damals wurden Objektorientierte Programmiersprachen wie Java oder C++ entwickelt. Die hatten auch großen Erfolg. Deshalb wurde dementsprechend auch ein neues Datenbankmodell entwickelt, nämlich das objektorientierte Datenbankmodell.

Während in einer relationalen Datenbank die Relationen eine wichtige Rolle spielen, stellen Objekte in einer objektorientierten Datenbank das Grundkonzept dar.

Ein Objekt ist eine Abbildung von einem Gegenstand oder einem Konzept in der realen Welt und verfügt über nicht nur eigene Attribute wie die von einem Datensatz in einer relationalen Datenbank, sondern auch eigene Methoden, die das Verhalten von den abgebildeten Gegenständen repräsentieren. Die Objekte, die gleiche Attribute und Methoden haben, bilden eine Klasse. Jedes von diesen Objekten ist eine Instanz dieser Klasse.

Unterschiedliche Klassen sind in einer Klassenhierarchie angeordnet. Dabei unterscheiden sich Oberklassen und Unterklassen. Eine Unterklasse erbt alle Attribute und Methoden von ihrer Oberklasse (Vererbung). Allerdings können Unterklassen gegenüber Oberklassen spezifische Attribute und Methoden aufweisen. Die vererbten Methoden können auch in den Unterklassen anders definiert werden (Polymorphie). Diese Klassenhierarchie muss nicht der Realität entsprechen. Manchmal werden auch Klassen definiert, nur um gemeinsame Methoden und Attribute zu bündeln. In diesem Fall ist diese Klasse eine abstrakte Klasse.

Die Eigenschaften Vererbung und Polymorphie ermöglichen objektorientierten Datenbanken einen flexiblen Umgang mit Daten, die eine komplexe Struktur aufweisen. Allerdings sind die objektorientierten Datenbanken auf dem Datenbankmarkt überhaupt nicht verbreitet. Ein großer Grund dafür könnte sein, dass ein Austausch vom

Datenbanksystem und den relevanten Schnittstellen riesige Kosten und Risiken mit sich bringt, deshalb scheuen sich viele Kunden von relationalen Datenbanken davor.

2.3.3 Objektrelationales Datenbankmodell

Statt dass die objektorientierten Datenbanken die vorläufigen relationalen Datenbanken verdrängen, werden viele relationale Datenbanken um objektorientierte Konzepte erweitert, um die Vorteile von objektorientierten Programmiersprachen zu nutzen. D. h., die wichtigen Konzepte von relationalen Datenbanken wie Relationen, Integritätsbedingungen und die standardisierte Datenbanksprache SQL werden erhalten, zusätzlich werden strukturierte Datentypen sowie objektspezifische Methoden zugelassen. Dadurch entsteht das objektrelationale Datenbankmodell.

Da Geodaten unterschiedliche geographische Datentypen aufweisen und spezifische geographische Methoden verlangen, sind objektrelationale Datenbanken auch für die Verwaltung der Geodaten von großer Bedeutung.

Die erweiterten Datentypen und ihre Methoden werden meistens von DBMS-Herstellern bereitgestellt, damit der Umgang mit dem DBMS nicht zu viel Know-How erfordert. Für einen reibungslosen Datenaustausch ist es wichtig, dass sich die DBMS-Entwickler an die Standards halten. Das ist das Thema des dritten Kapitels. Aber zuvor wird noch ein relativ neues Datenbankmodell vorgestellt.

2.3.4 Dokumentenorientierte Datenbank und NoSQL

Zwar haben die objektrelationalen Datenbanken die Vorteile von traditionellen relationalen und objektorientierten Datenbanken in sich vereinigt, können sich jedoch nicht überall bewähren, vor allem beim Umgang mit riesigen Datenmengen mit lockerer Struktur. D. h., die Datensätze haben verschiedene Attribute, die sich nicht durch ein einheitliches „Schema" beschreiben lassen. Diese Lücke von objektrelationalen Datenbanken trug zur Entstehung einer neuen Datenbank bei – der NoSQL-Datenbank. NoSQL ist ein Dachbegriff für die Datenbanken, die die Prinzipien von Relationalen Datenbanken nicht verfolgen.

Die traditionellen relationalen Datenbanken müssen gleiche Attribute zu den Datensätzen in einer Tabelle zuweisen, d.h. jeder Datensatz bekommt dem gleichen Speicherplatz, auch wenn einige Attribute einem Datensatz fehlen. In einer NoSQL-Datenbank ist ein solches festgelegtes Schema nicht mehr erforderlich und die dadurch bedingte Speicherplatzverschwendung kann vermieden werden. Aber diese Flexibilität hat auch ihren Preis, denn die Transaktionsintegrität sowie die flexible Indexierung und Anfrage werden geschädigt (Tiwari, 2011). NoSQL-Datenbanken kommen bei vielen gegenwärtigen Internetkonzernen zum Einsatz, z. B. Google Big Table und Amazon Dynamo.

Ein konkretes Beispiel von NoSQL-Datenbanken ist die dokumentenorientierte Datenbank. Dokumente hier sind strukturierte Dateien mit einem Standard-Dateiformat, nicht weiter strukturiert im Sinne eines Datenbankzugriffs , z.B. Binary Large Objects, JSON-Objekte, und XML-Dokumente (Wikipedia, 2013). MongoDB und CouchDB sind zwei Open Source Implementierungen von dokumentenorientierten Datenbanken. MongoDB findet u. a. bei dem standortbezogenen sozialen Netzwerk foursquare Anwendung.

3. Geodatenbank

3.1 Modellierung von Geodaten

Bevor man Geodaten in einer Datenbank speichern kann, muss ein Datenmodell festgelegt werden. Ein Datenmodell ist eine vereinfachte Abbildung der realen Welt. Im Datenmodell werden nur für die Analyse relevante Informationen ausgewählt, z.B. werden die Telefonzellen oder die Bushaltestellen oft als Punkte dargestellt, obwohl sie in der Realität eine Ausdehnung haben. Oder es werden bei der Netzwerkanalyse die Straßen durch die Zentrallinie repräsentiert.

Beim Modellieren von Geodaten stellt sich zuerst die Frage der Dimension. Generell unterscheiden sich das 2D-Modell, 3D-Modell und das spatio-temporale Modell. Aus Umfangsgründen befasst sich dieser Artikel nur mit dem 2D-Modell.

In einem 2D-Modell verteilen sich die Eigenschaften von Geodaten in vier Kategorien:

Sachattribute, Geometrie, Topologie und Metainformationen (Brinkhoff, 2008). Davon können Sachattribute und Metainformationen alphanumerisch dargestellt werden. Die Topologie lässt sich entweder direkt speichern oder von der Geometrie ableiten. Die Beschreibung von Geometrie erfolgt entweder durch das Rastermodell oder durch das Vektormodell. In diesem Artikel wird es nur auf das Vektormodell beschränkt.

3.2 Standards

In Bezug auf die Modellierung und Speicherung von Geometrie in einer Datenbank sind zwei Standards zu nennen:

- ISO 19125 Simple-Feature-Access
- ISO-Norm 13249 SQL/MM Spatial

Die beiden Standards weisen große Ähnlichkeit auf. Der Hauptunterschied liegt darin, dass SQL/MM Spatial auch Kreisbögen unterstützt, während Simple-Feature-Access nur gerade Linien zwischen den Stützpunkten zulässt. Deshalb wird dieser Artikel nur auf das Simple-Feature-Access eingehen.

3.2.1 Geometrieklassen im Simple-Feature-Access

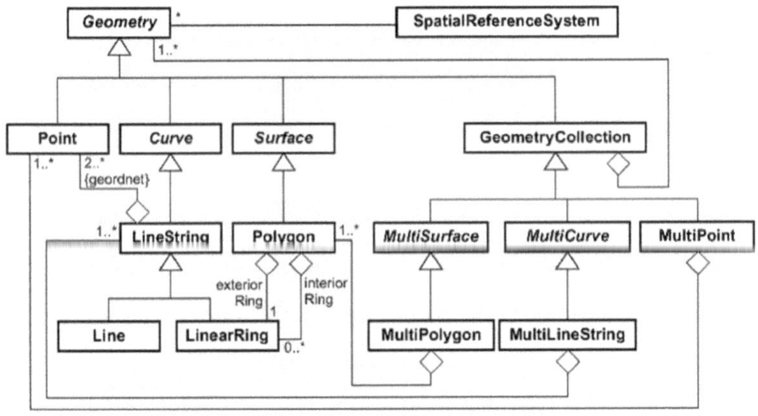

Abbildung 5. Klassendiagramm (Quelle: FerGI)

Der erste wichtige Teil vom Simple-Feature-Access sind die Geometrieklassen. Wie das

Klassendiagramm zeigt, sämtliche Geometrietypen haben eine gemeinsame abstrakte Oberklasse – Geometry. Jede Geometrie beruht auf einem räumlichen Bezugssystem. Von Geometry leiten sich vier Unterklassen ab: Point, Curve, Surface und Geometrycollection. Die Klassen Curve und Surface sind auch abstrakte Klassen, und haben jeweils eine einzelne Unterklasse LineString und Polygon.

3.2.2 Beschreibung von Geometrie im Simple-Feature-Access

Tabelle 1. WKT für verschiedene Geometrietypen

Geometrie	*Well Known Text*
Point	(10 10)
LineString	(10 10, 20 20, 30 40)
Polygon	((10 10, 10 20, 20 20, 20 15, 10 10))
Polygon	((0 0, 0 20, 20 20, 20 0, 0 0),(5 5, 5 15, 15 15, 15 5, 5 5))
MultiPolygon	(((10 10, 10 20, 20 20, 20 15, 10 10)),((60 60, 70 70, 80 60, 60 60)))

Die Beschreibung von Geometrieklassen erfolgt durch Well Known Text (WKT) und Well Known Binary (WKB). Die beiden dienen zur gleichen Funktion, Geometrie zu beschreiben, allerdings ist der WKT gut lesbar für Menschen und wird oft für den Austausch zwischen Menschen und Maschinen verwendet, während sich der WKB vor allem für den Austausch zwischen Maschinen einsetzt. In Tabelle 1 sind Beispiele für verschiedene Geometrieklassen im WKT. Darin kann man auch die Beziehungen zwischen den Klassen erkennen: Zwei Koordinaten in einem räumlichen Bezugssystem bestimmen einen Punkt (Point), mindestens zwei Punkte bilden eine Line (LineString), eine geschlossene Linie (LinearRing) bildet ein Polygon. Sollte es mehrere geschlossene Linien in einem Polygon geben, dann ist von einem Lückenpolygon die Rede.

3.2.3 Geometrische Methoden im Simple-Feature-Access

Ein weiterer Teil vom Simple Feature Access sind die geographischen Methoden. Diese Methoden dienen u.a. zur (FerGI, 2013):

- Prüfung topologischer Beziehungen
- Approximation von der Geometrie

Die Bearbeitung mit der genauen Geometrie könnte sehr rechnen intensiv werden, wenn man an die Grenze von einem Bundesland denkt. Deshalb wird die Geometrie meistens zuerst durch einen Bounding-Box angenähert. Die genaue Geometrie wird nur dann bearbeitet, wenn eine genauere Berechnung erforderlich ist.

- Berechnung geometrischer Eigenschaft wie Länge und Abstand
- Verschneidung von Geometrien

3.3 PostGIS

Ein standardkonformes räumliches DBMS ist PostGIS. PostGIS ist kein eigenständiges DBMS, sondern eine räumliche Erweiterung für das Open-Source-DBMS PostgreSQL. Zurzeit findet PostGIS viel Anwendung im GIS-Bereich, z. B. beim Kartenportal OpenStreetMap.

3.3.1 Verwaltung von Geometrien und räumlichen Bezugssystemen

Wenn man in PostGIS eine neue räumliche Datenbank anlegt, dann werden zwei wichtige interne Tabellen automatisch erzeugt. Die eine beträgt den Namen „geometry_columns" und gilt als ein Register für alle Tabellen, die Geometrie als Attribute enthalten. Die andere ist die Tabelle „spatial_ref_sys", in der über 3.000 räumliche Bezugssysteme gespeichert werden.

3.3.2 Input und Output

PostGIS unterstützt verschiedene Formate beim Input und Output: WKT, WKB, KML, GML, GeoJSON. Durch Plugins kann man auch Shapefiles in PostGIS-Datenbank importieren. Zusätzlich wird SVG als Output-Format unterstützt.

3.3.3 Geometriespezifische Methoden

PostGIS unterstützt auch die im Simple-Feature-Access vorgeschlagenen Geometrieklassen und ihre spezifischen Methoden. In Tabelle 2 werden die wichtigeren Methoden der Geometrieklassen aufgelistet:

Tabelle 2. Geometrieklassen und Methoden in PostGIS[1]

Geometrieklassen	Methoden	Werte
Point	`ST_X(geometry)` `ST_Y(geometry)`	X-Koordinate Y-Koordinate

LineString	`ST_Length(geometry)`
	 `ST_StartPoint(geometry)`
	 `ST_EndPoint(geometry)`
	 `ST_NPoints(geometry)`
		Die Länge der Linie
		 Der Anfangspunkt der Linie
		 Der Endpunkt der Linie
		 Die Anzahl der Stützpunkte

Polygon	`ST_Area(geometry)`
	 `ST_NRings(geometry)`
	 `ST_ExteriorRing(geometry)`
	 `ST_InteriorRingN(geometry,n)`
	 `ST_Perimeter(geometry)`
		Die Fläche des Polygons
		 Die Anzahl der Grenzen
		 Die äußere Grenze des Polygons
		 Eine bestimmte innere Grenze
		 Der Umfang

GeometryCollection	`ST_NumGeometries(geometry)`
	 `ST_GeometryN(geometry,n)`
	 `ST_Area(geometry)`
	 `ST_Length(geometry)`
		Anzahl der Geometrien
		 Eine bestimmte Geometrie
		 Die gesamte Fläche
		 Die gesamte Länge

3.3.4 Transgeometrische Analyse

Die oben genannten Methoden wirken allerdings nur auf eine einzige Geometrie. PostGIS kann auch mehrere Geometrien analysieren, beispielsweise liefert die Funktion `ST_Intersects(geometry A, geometry B)` „true" zurück, wenn sich die beiden Geometrien A und B überschneiden. A und B können von einem beliebigen Geometrietyp sein. Die Funktion `ST_Distance(geometry A, geometry B)` berechnet den Abstand zwischen den beiden Geometrien. Hier werden nur zwei Bespiele genannt. In der Dokumentation von PostGIS stehen noch viele Methoden zur Analyse von mehrere Geometrien.

---

[1] zusammengefast aus dem PostGIS-Tutorial von OpenGeo

4. Zusammenfassung

Die Datenbank ist schon zu einem wichtigen Bestandteil von Geoinformationssystemen geworden. Der Einsatz von einem Datenbanksystem kann Geodaten für mehr Anwendungen verfügbar machen, außerdem wird die Korrektheit der Daten besser gesichert. Je nach Datenbankmodell taugen verschiedene Datenbanken für Daten mit verschiedener Charakteristik. Für die Verwaltung von Geodaten haben sich objektrelationale Datenbanken bewährt. Um die Interoperabilität zu fördern, spielen auch Standards in Bezug auf die Modellierung eine wichtige Rolle. Ein standardkonformes Geo-DBMS ist PostGIS. Weil es auch open source ist, findet es zurzeit große Anwendung im GIS-Bereich.

Literatur

1. Brinkhoff T.: Geodatenbanksysteme in Theorie und Praxis. Wichmann Verlag, 2008.

2. Türker C.; Saake G.: Objektrelationale Datenbanken. dpunkt.Verlag, 2006.

3. Tiwari S. : Professional NoSQL. John Wiley & Sons, 2011.

4. OGC: OpenGIS Implementation Standard for Geographic Information - Simple Feature Access.

5. Datenbank, Wikipedia, die freie Enzyklopädie. http://de.wikipedia.org/wiki/Datenbank, Januar, 2013.

6. Relationale Datenbank, Wikipedia, die freie Enzyklopädie. http://de.wikipedia.org/wiki/Relationale_Datenbank, Januar, 2013.

7. Dokumentenorientierte Datenbank, Wikipedia, die freie Enzyklopädie. http://de.wikipedia.org/wiki/Dokumentenorientierte_Datenbank, Januar, 2013.

8. FerGI: http://www.fergi.uni-osnabrueck.de/moodle/, Januar, 2013.

9. PostGIS-Tutorial von OpenGeo: http://workshops.opengeo.org/postgis-intro/index.html, Januar, 2013.

10. Dokumentation PostGIS: http://postgis.net/docs/manual-2.0/, Januar, 2013.